冰淇淋 纯天然手作

Chuntianran
Shouzuo Bingqilin

郑颖 主编

中国轻工业出版社

图书在版编目（CIP）数据

纯天然手作冰淇淋 / 郑颖主编 . -- 北京 ： 中国轻
工业出版社，2019.5
ISBN 978-7-5184-1455-0

Ⅰ . ①纯… Ⅱ . ①郑… Ⅲ . ①冰激凌－制作 Ⅳ .
① TS277

中国版本图书馆 CIP 数据核字（2017）第 128047 号

责任编辑：朱启铭　　　策划编辑：秦　功　朱启铭　　　责任终审：劳国强
版式设计：金版文化　　　封面设计：奇文云海　　　　　　责任监印：张京华
图文制作：深圳市金版文化发展股份有限公司

出版发行：中国轻工业出版社（北京东长安街 6 号，邮编：100740）
印　　刷：北京博海升彩色印刷有限公司
经　　销：各地新华书店
版　　次：2019 年 5 月第 1 版第 3 次印刷
开　　本：720×1000　　1/16　　印张：10
字　　数：120 千字
书　　号：ISBN 978-7-5184-1455-0　　　　定价：39.80 元
邮购电话：010-65241695
发行电话：010-85119835　　传真：010-85113293
网　　址：http://www.chlip.com.cn
Email:club@chlip.com.cn
如发现图书残缺请与我社邮购联系调换
190320S1C103ZBW

前言

只为这场甜蜜的相遇

一杯冰淇淋的甜蜜诱惑总是让人招架不住。

不管是牛奶的绵柔顺滑、香草的独特幽香，

还是抹茶的柔和淡雅、巧克力的回味悠长，

总是能挑动你的味蕾。

想不想尝尝自己亲手制作的冰淇淋呢？

用天然蔬果做原料，自己买，自己做，很健康！

混合、加热、搅拌、冰起来，简单几步就可以完成。

还可以将创意延伸一下，

做成诸如曲奇夹心冰淇淋这样的甜点，

朋友小聚或自己独享都不错。

目录 CONTENTS

Chapter 1

了解冰淇淋，
从这里开始

Chapter 2

经典的基本款，
总是让人回味

Chapter 3

意式冰淇淋，
邂逅浪漫甜蜜

Chapter 4

果蔬冰淇淋，
感受健康滋味

Chapter 5

多彩雪芭，
低糖低脂好味道

Chapter 6

冰淇淋餐后甜点，
果香弥漫清清凉

Chapter 7

缤纷派对冰淇淋甜点，
乐享甜蜜无限

Chapter **1**

了解冰淇淋，从这里开始

冰淇淋是一种让人联想起幸福、快乐的美食，
一杯冰淇淋的甜蜜诱惑总是让人招架不住。
想不想尝尝自制美味冰淇淋呢？
赶紧一起来了解冰淇淋的制作知识吧，
它将为你打开一扇门，
带你开启冰凉甜蜜的美妙之旅！

不可不知的冰淇淋基本制作原料

在西方人的饮食生活中，与咖啡同样重要的要数冰淇淋了。冰淇淋给人的记忆总是甜蜜与快乐的。试想，听着优美的音乐，吃一勺柔滑细腻的冰淇淋，该是何等的舒适惬意！那么，如此迷人的冰淇淋是由什么原料制作而成的呢？下面就一起来了解一下这些基本的原料吧！

01
牛奶

牛奶是制作冰淇淋等美食最常用的原料之一。若家庭中没有备好鲜牛奶，可以就近购买并使用包装牛奶、乳制品。一般来说，用鲜牛奶制作的冰淇淋口感更香醇、细腻，营养价值也更高。而使用包装牛奶或奶制品制作的冰淇淋，口感会略差。

02
水果

加入水果或者新鲜果汁，能使冰淇淋口味更香甜，同时也能改善冰淇淋的色泽，令其具有花样多变的"个性"。在水果当中，橙子、柠檬、椰果是使用最为频繁的3类水果。需要指出的是，椰果和牛奶是制作各式冰淇淋的绝佳搭配。

03
鸡蛋

制作冰淇淋普遍会用到鸡蛋，因为蛋黄能够在水与脂肪相混合时起到天然乳化剂的作用，使各种材料混合均匀，让成品冰淇淋的口感和色泽更佳。相对于添加蛋黄的冰淇淋来说，不添加蛋黄的冰淇淋口感就会逊色一截，显得不那么浓郁醇香。

04
糖

这里所说的糖大多是指白砂糖，糖粉也可以。制作冰淇淋时可以依据个人口味酌量增减糖的用量，也可以按照制作标准来调节其分量。总之，对于糖的要求，是要适量，必须控制在一定的范围之内。糖添加过多，成品会过于甜腻，冰淇淋也不容易冻结成型；若添加过少，则会导致冰淇淋的口感过硬。

无需冰淇淋机，几个小工具就可以轻松做

无论是严寒的冬天，还是燥热的夏天，冰淇淋总是人们绝妙的美食伴侣，其冰凉而醇厚的口感和香甜的味道融合在一起，给人们带来美好的享受。但是你可知道，如此美味的冰淇淋背后有着很多大大小小的"功臣"，只有了解这些"功臣"，才能帮助我们做出口味浓郁纯正的冰淇淋！

秤

秤是测量物体质量的衡器，是制作冰淇淋必备的工具。秤可分为刻度秤、电子秤两种。在制作冰淇淋等要求精确原料用量的食物时，建议使用电子秤，因为相对于刻度秤来讲，它的精度更高，称量范围可精确至1克。

盆

这里所讲的盆是不锈钢材质的盆，它可以为了方便搅拌原料，并能放入微波炉中加热，或者放入冰箱中长时间冷冻。此外，不锈钢材质的盆也比较好清洗。

计量杯

在制作冰淇淋的过程中，很多时候都需要精确计算清水、果汁、牛奶或者其他液体的量（体积），这个时候，液体计量杯就派上用场了。

搅拌器

搅拌器是用来将鸡蛋的蛋清和蛋黄打散充分融合成蛋液，或单独将蛋清打到起泡的工具。搅拌器通常分为手动搅拌器和电动搅拌器两种，主要用于打蛋、打发奶油以及搅拌原料。

分蛋器

分蛋器是用来将蛋黄和蛋清分离干净的工具，被广泛用于各种糕点、冰淇淋等美食的制作中。其使用方法极其简单，只要将备好的鸡蛋打开，放到分蛋器上，滤去蛋清即可。

搅拌机

搅拌机的工作原理是靠搅拌杯底部的刀片高速旋转，在水流的作用下把食物反复打碎。在制作冰淇淋时，如果需要用到果汁、果泥，就少不了搅拌机。

挖球器

在冰淇淋冷冻成型，从冰箱取出时，使用挖球器能够挖出美观的冰淇淋球或者其他形状的冰淇淋造型。

烤箱

烤箱在制作冰淇淋的过程中使用较少，并不是必需品。但是，对于经验丰富的家庭主妇来说，一个烤箱能够帮助她们制作出新鲜的面包、曲奇、蛋糕等食物，然后与冰淇淋进行一个创意的搭配，简单又时尚，好看又好吃。

百搭的果碎，让美味升级

坚果营养丰富，养生价值比较高。用在冰淇淋中，可使冰淇淋的口感和香味发生很大的变化。此外，添加了坚果的冰淇淋还兼具一定的养生、食疗作用，其营养价值也就更上一层楼了。

腰果

腰果因其果仁呈肾形而得名，腰果果实成熟时香飘四溢，甘甜如蜜，清脆可口，为"世界四大干果"之一。制作冰淇淋的时候，放入一点腰果碎，不仅能增添风味，更能增加营养。

杏仁（美国大杏仁）

杏仁形状为扁平卵形，一端尖，另一端圆，覆有褐色的薄皮。成熟的杏仁果会自然地裂开绿色的外壳，露出包裹在里面的核仁。核仁可以有效软化皮肤角质层，从而达到美容的效果。

核桃

核桃外果皮平滑，内果皮坚硬，果仁有褶皱，外形跟大脑相似。果仁可以吃，可以榨油，也可以入药，还可以配制糕点、糖果等，放入冰淇淋中不仅味道美，而且营养价值很高。此外，核桃还有"万岁子""长寿果"的美誉。

开心果

开心果不仅口感香脆，而且富含维生素、矿物质和抗氧化元素，具有低脂肪、低卡路里、高纤维的显著特点，是健康饮食的优质之选。

绝配的果酱，增色添彩

果酱与冰淇淋可以说是美味绝配，各式水果浓缩的精华与香浓清凉的冰淇淋相融合，给味蕾带来清凉酸甜的绝妙享受！

草莓酱

原料

草莓··········260克
冰糖··········10克

做法

1. 洗净的草莓去蒂，切小块，待用。
2. 锅中注入约80毫升清水，置火上加热，倒入切好的草莓块。
3. 放入冰糖，搅拌至冒出小泡。
4. 转小火，继续搅拌约20分钟至呈黏稠状，关火后将草莓酱装入玻璃瓶中，冷藏保存即可。

黄桃酱

原料

黄桃··········6个
白砂糖········15克
柠檬汁········适量

做法

1. 黄桃洗净、去皮（黄桃皮留下）。
2. 削过皮的黄桃切成小方块，撒上白砂糖、柠檬汁，搅拌一下，盖好保鲜膜，放入冰箱腌制1小时。
3. 取出腌好的黄桃块，放入锅中，放入少许清水，大火煮至沸腾，然后转小火熬20分钟至熟，关火。
4. 冷却后装入消毒过的玻璃瓶中，放冰箱冷藏即可。

自制冰淇淋蛋卷底托

吃冰淇淋时，同样吸引人的就是下面焦焦脆脆的底托了，其实买个小小模具，自己在家也能轻松做。无论是做水果杯、酸奶杯，还是冰淇淋杯都非常方便。

蛋卷底托

原料

低筋面粉……82克
蛋清…………50克
细砂糖………50克
淡奶油……50毫升

贴心冰语

蛋卷颜色淡，口感要软些；颜色深，口感要脆些。大家可根据个人口味自行调节。

做法

1. 将蛋清打散，加入细砂糖搅拌均匀。
2. 再加入淡奶油搅拌均匀，最后加入低筋面粉。
3. 搅拌均匀至无颗粒状态。
4. 将蛋卷筒的模具放在炉火上，小火两面加热后，分次将面糊一点点倒在模具的中央。
5. 合上盖子，看到模具盖子边缘冒蒸汽时，打开模具观察颜色。
6. 至两面翻烤成淡黄色，卷起即可。

Chapter 2

经典的基本款，总是让人回味

如今，冰淇淋的花样越来越多，
但那些经典的基本款冰淇淋并没有因此而黯淡无光，
它们用纯正、细腻的口感点缀了无数人的童年与甜蜜时光，
给生活带来了无尽的甜蜜和快乐。

贴心冰语

冰淇淋浆倒入保鲜盒后要撇去浮沫，以保证冻出来的成品外形美观。

酸奶冰淇淋

准备原料 牛奶300毫升　　淡奶油[1]300毫升　　蛋黄2个
酸奶100毫升　　白砂糖[2]150克　　玉米淀粉15克

1　锅中倒入玉米淀粉，加入牛奶，开小火，用手动搅拌器搅拌均匀，用温度计测温，煮至80℃关火，倒入白砂糖，搅拌均匀，制成奶浆。

2　玻璃碗中倒入蛋黄，用手动搅拌器打成黄蛋黄液。

3　待奶浆温度降至50℃后倒入蛋黄液中，加入淡奶油，搅拌均匀，再倒入酸奶，用电动搅拌器打匀，制成冰淇淋浆。

4　将冰淇淋浆倒入保鲜盒，封上保鲜膜，放入冰箱冷冻5小时至定型。取出冻好的冰淇淋，撕去保鲜膜，用挖球器将冰淇淋挖成球状，装入碟中即可。

1

2

4

3

【1】淡奶油可用植物奶油替换，全书同。
【2】白砂糖可用糖粉替换，全书同。

贴心冰语

薄荷有一点苦味，如果不习惯，可加入适量蜂蜜。

※

制作时间：15分钟　冷冻时间：5小时

薄荷冰淇淋

准备原料	牛奶300毫升	淡奶油300毫升	蛋黄2个
	薄荷汁200毫升	白砂糖150克	玉米淀粉15克

1 锅中倒入玉米淀粉，加入牛奶，开小火，用手动搅拌器搅拌均匀，用温度计测温，煮至80℃关火，倒入白砂糖，搅拌均匀，制成奶浆。

2 玻璃碗中倒入蛋黄，用手动搅拌器打成蛋黄液，备用。

3 待奶浆温度降至50℃，倒入蛋黄液中，搅拌均匀，倒入淡奶油、薄荷汁，用电动搅拌器打匀，制成冰淇淋浆。

4 将冰淇淋浆倒入保鲜盒，封上保鲜膜，放入冰箱冷冻5小时至定型。取出冻好的冰淇淋，撕去保鲜膜，用挖球器将冰淇淋挖成球状，装碟即可。

1

2

4

3

贴心冰语

淡奶油宜使用优质、脂肪含量高的，以保证口感柔滑。

制作时间：20分钟　冷冻时间：6小时

薄荷果碎冰淇淋

准备原料　牛奶250毫升　　蛋黄3个　　　淡奶油125毫升
　　　　　　　开心果碎适量　　白砂糖60克　薄荷叶80克

开始制作

1　蛋黄中加入白砂糖，打发至呈浅黄色。

2　将牛奶、薄荷叶一起倒入奶锅，以小火加热，至微开后关火，放凉。

3　将牛奶薄荷液放入搅拌机中拌匀，过滤后重新倒回锅中，加热至即将沸腾，再慢慢倒入蛋黄液中，不停地搅拌至混合均匀，冷却。

4　淡奶油打至六分发，倒入蛋黄奶糊中，再放入开心果碎，拌匀，放入冰箱冷冻。每隔2小时取出搅拌1次，如此反复3~4次，取出，用挖球器挖成球即可。

贴心冰语

酸奶中含多种酶，可以促进消化吸收，有益肠道健康。

制作时间：20分钟　冷冻时间：6小时

香草酸奶冰淇淋

准备原料 鸡蛋3个　　　　牛奶220毫升　　　淡奶油100毫升
　　　　　　白砂糖40克　　　香草糖浆少许　　　酸奶适量

1　鸡蛋打开，用分蛋器取出蛋黄，放到大碗里，加入白砂糖，用手动搅拌器搅拌均匀，再倒入牛奶，搅匀。

2　将拌好的蛋奶液倒入奶锅中，开小火慢慢加热，并不停地搅拌，防止粘锅，搅打至蛋黄液浓稠时关火；将淡奶油装入盆中，用电动搅拌器将奶油完全打发。

3　将完全冷却的蛋黄液和打发好的淡奶油充分混合，加入香草糖浆、酸奶，拌匀。

4　装入保鲜盒中，放到冰箱冷冻室，每2小时取出搅拌1次，重复操作3~4次至定型即可食用。

制作时间：18分钟　冷冻时间：5小时

椰奶冰淇淋

准备原料	蛋黄2个	牛奶300毫升	椰奶100毫升
	玉米淀粉10克	白砂糖75克	淡奶油200毫升

1. 将玉米淀粉、牛奶倒入锅中，边煮边搅，加热至80℃关火，即成奶液。

2. 玻璃碗中倒入蛋黄，用手动搅拌器打成蛋黄液，加入椰奶，倒入淡奶油，搅拌均匀，制成蛋黄椰浆。

3. 奶液中倒入白砂糖，用电动搅拌器搅拌均匀，制成奶浆。

4. 蛋黄椰浆中加入奶浆，用电动搅拌器打发成冰淇淋浆，倒入保鲜盒，封上保鲜膜。放入冰箱冷冻5小时至定型。取出，撕去保鲜膜，用挖球器挖成球状即可。

1

2

4

3

蜂蜜核桃冰淇淋

准备原料　牛奶160毫升　　核桃碎50克　　淡奶油160毫升　蛋黄2个
格子松饼2块　　夏威夷果适量　白砂糖40克　　蜂蜜30克

开始制作

1　蛋黄中加入白砂糖，用电动搅拌器搅拌均匀，做成蛋黄液。

2　将核桃碎、牛奶和淡奶油放入锅中，煮至锅边出现小泡，即成核桃奶油糊。

3　将核桃奶油糊倒入蛋黄液中，加蜂蜜拌匀后倒入锅中，边加热边搅拌，至温度达到85℃时关火，过滤后，隔冰水冷却至5℃。

4　放入冰箱冷冻，每隔2小时取出搅拌1次，此操作重复3~4次，至冰淇淋冰冻成型。

5　取出冻好的冰淇淋，用挖球器挖成球，放入杯中即可。也可放上格子松饼和夏威夷果搭配食用。

制作时间：22分钟　冷冻时间：6小时

脆皮甜筒冰淇淋

准备原料	樱桃2颗	淡奶油100毫升	彩色巧克力针适量	蛋卷底托1个
	蜂蜜75克	原味酸奶200毫升	黑巧克力适量	

1 将原味酸奶和蜂蜜倒入碗中，搅拌均匀。

2 淡奶油用手动搅拌器打至出泡沫。

3 拌好的酸奶中加入淡奶油，搅拌均匀，倒入容器中，放入冰箱冷冻，每隔2小时取出拌匀1次，重复此操作3~4次；黑巧克力隔热水融化，放凉。

4 取出冻好的冰淇淋，待其微软，放入裱花袋中，挤入蛋卷底托中，淋上黑巧克力液，撒上彩色巧克力针，再放上樱桃装饰即可。

贴心冰语

彩色巧克力针还可以换成彩色的糖果，只要色彩丰富即可。

制作时间：20分钟　冷冻时间：5小时

抹茶冰淇淋

准备原料	牛奶300毫升	淡奶油300毫升	蛋黄2个
	玉米淀粉10克	白砂糖150克	抹茶粉20克

开始制作

1 锅中倒入抹茶粉，加入玉米淀粉、牛奶，开小火，搅拌均匀，用温度计测温，煮至80℃时关火，制成抹茶糊。

2 玻璃碗中倒入蛋黄，用手动搅拌器打成蛋黄液，倒入抹茶糊，加入白砂糖，搅拌均匀，再倒入淡奶油，搅匀，制成冰淇淋浆。

3 将冰淇淋浆倒入保鲜盒，封上保鲜膜，放入冰箱冷冻5小时至定型。

4 取出冻好的冰淇淋，撕去保鲜膜，用挖球器将冰淇淋挖成球状，装碟即可。

1

2

4

3

贴心冰语

柠檬皮有微微的柠檬香和清香，可帮助提升食欲。

❄

制作时间：18分钟　　冷冻时间：6小时

清爽柠檬冰淇淋

准备原料	淡奶油150毫升	白砂糖70克	牛奶200毫升	蛋黄2个
	柠檬汁适量	玉米淀粉适量	柠檬皮丝适量	

1 蛋黄中加入部分白砂糖打发，制成蛋黄液；牛奶中加入剩余白砂糖，隔水加热，煮至沸腾之前关火。

2 将煮好的牛奶慢慢注入蛋黄液中，搅拌至完全融合，再隔水加热，不停搅拌，加入适量玉米淀粉，搅拌均匀，待冷却。

3 淡奶油打至六七分发，分次加入到蛋黄牛奶液中，再放入柠檬汁，拌匀。

4 放入冰箱冷冻，每隔2小时取出拌匀1次，重复此操作3~4次。至固定成型时取出，挖成球状，放入碗中，再放上柠檬皮丝装饰即可。

贴心冰语

洛神花果酱在大型
超市就可以买到。
洛神花含维生素C，
可促消化。

❄

制作时间：16分钟　冷冻时间：6小时

洛神冰淇淋

| **准备原料** | 牛奶100毫升 | 淡奶油150毫升 | 柠檬汁15毫升 |

洛神花果酱250克　白砂糖70克

1 将牛奶、淡奶油和白砂糖放入锅中，熬煮至白砂糖完全溶化，制成奶油糊。

2 将奶油糊用筛网过滤后倒入碗中，晾凉，加入洛神花果酱和柠檬汁，搅拌均匀成
冰淇淋液。

3 将冰淇淋液装入密封容器，放入冰箱冷冻，每隔2小时取出冰淇淋，用叉子搅拌，
此操作重复3~4次，至冰淇淋变硬即可。

4 取出冻好的冰淇淋，用挖球器将冰淇淋挖成球状，放入碗中即可。

❄

制作时间：15分钟　冷冻时间：5小时

自制原味冰淇淋

准备原料　蛋黄2个　　　　牛奶300毫升　　　淡奶油300毫升

白砂糖150克　　玉米淀粉10克

1 将玉米淀粉倒入锅中，加入牛奶，用小火边煮边搅，至80℃关火，制成奶液。加入白砂糖，用手动搅拌器搅拌均匀，制成奶浆。

2 玻璃碗中倒入奶浆和淡奶油，搅拌均匀，再倒入蛋黄搅匀，制成冰淇淋浆。

3 将冰淇淋浆倒入保鲜盒，封上保鲜膜，放入冰箱冷冻5小时至定型。

4 取出冻好的冰淇淋，撕去保鲜膜，用挖球器将冰淇淋挖成球状，装碟即可。

1

2

4

3

贴心冰语

草莓酱可去超市购买，也可以按前文方法自己制作。

❄

制作时间：22分钟　冷冻时间：6小时

酸奶草莓酱冰淇淋

准备原料	淡奶油150毫升	蛋黄3个	酸奶300毫升
	白砂糖70克	草莓酱适量	牛奶200毫升

1 取一只碗，放入适量的草莓酱；蛋黄放入另一只碗中，加40克白砂糖打发至奶白色。

2 将牛奶倒入锅中，小火煮至锅边起泡，关火，慢慢倒入打发好的蛋黄糊，拌匀。

3 再用小火煮约15分钟，中间要不停搅拌，直至浓稠时关火；放凉后，倒入酸奶拌匀。

4 倒入碗中，放入冰箱，冷冻2小时后取出拌匀，重复此操作3~4次。

5 取出冻好的酸奶冰淇淋，挖成球状，放入盛有草莓酱的碗中即可。

贴心冰语

若没有巧克力酱，
可将巧克力隔热水
融化后使用。

❄

制作时间：20分钟　冷冻时间：6小时

黑巧克力冰淇淋

准备原料 淡奶油125毫升　牛奶200毫升　蛋黄2个　白砂糖70克
柠檬汁适量　黑巧克力适量　巧克力酱适量

1 将白砂糖、大部分牛奶、蛋黄倒入奶锅中，边加热边搅拌，至微微沸腾时离火，
倒入淡奶油中，搅拌均匀，再用筛网过滤。

2 黑巧克力（留一小块作装饰用）加剩余少许牛奶，隔热水溶化，放入柠檬汁拌匀，
倒入牛奶混合液中，拌匀冷却。

3 放入冰箱冷冻，每隔2小时取出1次，搅打均匀，重复此过程3~4次，直至冰淇淋冻硬。

4 将冻好的冰淇淋挖成球状，淋上适量巧克力酱，再用少许黑巧克力装饰即可。

贴心冰语

如无糖粉，可用白
砂糖代替，只是步
骤提前，要先将白
砂糖煮至溶化。

制作时间：15分钟　冷冻时间：6小时

可可冰淇淋

| 准备原料 | 牛奶300毫升 | 蛋黄2个 | 淡奶油300毫升 |
| | 可可粉60克 | 糖粉150克 | 玉米淀粉15克 |

1 锅中倒入玉米淀粉，加入牛奶，开小火，用手动搅拌器搅拌均匀，用温度计测温，煮至80℃时关火，倒入糖粉搅匀，制成奶浆。

2 玻璃碗中倒入蛋黄，用手动搅拌器打成蛋黄液，备用。

3 待奶浆温度降至50℃，倒入蛋黄液中，搅拌均匀，再倒入淡奶油，搅拌均匀，制成奶浆。

4 倒入可可粉，用电动搅拌器打匀，制成冰淇淋浆。将冰淇淋浆倒入保鲜盒，封上保鲜膜，放入冰箱冷冻5小时至定型。取出，撕去保鲜膜，用挖球器挖成球状即可。

1

2

4

3

❄

制作时间：22分钟　冷冻时间：6小时

鲜草莓奶香冰淇淋

准备原料	蛋黄3个	牛奶200毫升	草莓50克
	柠檬半个	白砂糖100克	淡奶油180毫升

开始制作

1 蛋黄和牛奶、白砂糖一起放入盆中，搅拌成蛋黄糊，挤入柠檬汁，隔水用小火慢慢加热，不停搅拌，不要让浆水沸腾，待蛋奶液稍微浓厚黏稠时关火，连盆放入冷水中冷却。

2 草莓洗净去蒂，切片待用；将淡奶油稍稍打发，倒入蛋奶液中，搅拌均匀。

3 将冰淇淋浆放入冰箱冷冻，每隔2小时取出拌匀1次，重复此操作3~4次，至冰淇淋冻硬即可。

4 取出冰淇淋，放上切成片的草莓，再放入冰箱冷冻一会儿即可食用。

制作时间：18分钟　冷冻时间：6小时

甜筒冰淇淋

准备原料	牛奶300毫升	蛋黄4个	打发淡奶油150毫升
	蛋卷底托3个	白砂糖60克	柳橙汁、花生酱各适量

1 蛋黄中加入白砂糖打发，再缓缓倒入加热过的牛奶中，搅拌均匀。

2 再放入小锅中，开小火边搅拌边加热至85℃，然后用筛网过滤，制成冰淇淋液。

3 将冰淇淋液倒入碗中，放入装有冰块的盆中冷却至5℃，分次加入打发淡奶油，拌匀。

4 放入冰箱冷冻，每隔2小时取出1次，用叉子搅拌均匀后再冷冻，反复操作3~4次。

5 取出冻好的冰淇淋，用挖球器挖成冰淇淋球，分别放在3个备好的蛋卷底托上，再分别淋上花生酱、柳橙汁即可。

制作时间：18分钟 冷冻时间：5小时

豆浆酸奶冰淇淋

准备原料 牛奶300毫升　　淡奶油300毫升　　蛋黄2个　　　酸奶150毫升
玉米淀粉15克　　熟豆浆150毫升　　白砂糖150克

开始制作

1. 锅中倒入玉米淀粉，加入牛奶，开小火，用手动搅拌器搅拌均匀，用温度计测温，煮至80℃时关火，倒入白砂糖搅匀，制成奶浆。

2. 玻璃碗中倒入蛋黄，用手动搅拌器打成蛋黄液，备用。

3. 待奶浆温度降至50℃，倒入蛋黄液中搅拌均匀，倒入淡奶油，搅拌均匀，制成浆汁。

4. 另取一只玻璃碗，倒入酸奶、熟豆浆、浆汁，用电动搅拌器打匀，制成冰淇淋浆。将冰淇淋浆倒入保鲜盒，封上保鲜膜，放入冰箱冷冻5小时至定型。取出，撕去保鲜膜，将冰淇淋挖成球状即可。

1

2

3

4

Chapter 3

意式冰淇淋，邂逅浪漫甜蜜

对于意大利人来说，
冰淇淋代表着一种浪漫情结。
每年都会有来自世界各地的游客前往意大利，
只为邂逅这场浪漫甜蜜。

贴心冰语

可在冻好的冰淇淋上撒点儿巧克力碎，以提升口感，也会更美观。

巧克力冰淇淋

准备原料	牛奶300毫升	淡奶油300毫升	蛋黄2个
	巧克力酱200克	白砂糖150克	玉米淀粉15克

1 锅中倒入玉米淀粉，加入牛奶，开小火，用手动搅拌器搅拌均匀，用温度计测温，煮至80℃时关火，倒入白砂糖搅匀，制成奶浆。

2 玻璃碗中倒入蛋黄，用手动搅拌器打成蛋黄液，备用。

3 待奶浆温度降至50℃，倒入蛋黄液中，搅拌均匀，倒入淡奶油，搅拌均匀，再倒入巧克力酱，用电动搅拌器打匀，制成冰淇淋浆。

4 将冰淇淋浆倒入保鲜盒，封上保鲜膜，放入冰箱冷冻5小时至定型。取出冻好的冰淇淋，撕去保鲜膜，将冰淇淋挖成球状，装碟即可。

1

2

3

4

白巧克力冰淇淋

准备原料	牛奶200毫升	白巧克力碎70克	白砂糖50克
	树莓适量	树莓酱适量	淡奶油200毫升

开始制作

1. 牛奶和白砂糖一起放入锅中，开小火加热，搅拌至白砂糖溶化，关火。

2. 趁牛奶温热时加入白巧克力碎，搅拌至溶化，隔冰水降温。

3. 淡奶油用手动搅拌器打至七八分发，分次加入到牛奶巧克力液中，拌匀。

4. 放入冰箱冷冻，每隔2小时取出，用搅拌器搅拌1次，重复此操作3~4次。取出冻好的冰淇淋，挖成球状，放入碗中，淋上树莓酱，再用树莓装饰即可。

贴心冰语

想要节省制作时间，可以事先将白巧克力隔热水融化。树莓的维生素E含量丰富，可以抗衰老。

制作时间：23分钟　冷冻时间：6小时

火龙果香梨冰淇淋

准备原料 淡奶油200毫升　白砂糖50克　牛奶150毫升　香梨100克
火龙果肉适量　夏威夷果碎适量　蜂蜜适量　红酒梨1个

开始制作

1　火龙果肉切小块；香梨洗净切开，去皮、核。将火龙果、香梨果肉倒入搅拌机中，再倒入牛奶，打成果泥。

2　将淡奶油、白砂糖混合，打发至可流动，做成奶油糊。

3　将果泥倒入奶油糊中拌匀，放入冰箱冷冻。

4　每隔2小时取出搅拌1次，重复此过程3~4次即可。

5　将红酒梨放入盘中，冰淇淋取出，挖成球状，放入盘中，撒上夏威夷果碎，淋上蜂蜜即可。

贴心冰语

红酒梨可以自己制作：红酒加雪梨入锅煮熟，再浸泡片刻即可。

贴心冰语

分层的诀窍在于冰淇淋冷冻成型后再放到模具中分层定型。

❄

制作时间：25分钟　冷冻时间：6小时

可可草莓夹心冰淇淋

准备原料　牛奶250毫升　　　白砂糖50克　　　淡奶油200毫升　　蛋黄3个
　　　　　　　可可粉适量　　　　草莓粉适量　　　草莓适量

1　牛奶中放入蛋黄、白砂糖，搅拌均匀，再隔水加热至锅边起泡，拌匀，关火，冷却。

2　淡奶油打发，放到冷却的蛋黄液中，搅拌均匀后分成3份，其中2份分别放入可可粉、草莓粉，搅拌均匀。

3　将3份冰淇淋浆一起放入冰箱冷冻，每隔2小时取出搅拌，如此重复3~4次，最后1次搅拌时，取出备好的模具，依次放入可可冰淇淋、原味冰淇淋、草莓冰淇淋。

4　冷冻凝固后取出脱模，再放上一层原味冰淇淋，点缀草莓即可。

贴心冰语

牛奶稍微加热即可，不要烧开。树莓中的黄酮类物质有助降血压。

❄

制作时间：22分钟　冷冻时间：6小时

彩色条纹冰淇淋

准备原料　牛奶150毫升　　白砂糖50克　　蛋黄2个　　淡奶油150毫升
　　　　　　　肉桂适量　　　　肉桂粉适量　　树莓适量

1 牛奶用小火加热，煮到锅边泛起小泡时关火冷却，再倒入蛋黄，边倒边搅拌。

2 将混合好的蛋奶液隔水加热，搅拌至浓稠。

3 淡奶油中加入白砂糖，打至六分发，分几次拌入蛋奶浆中拌匀，再分成2份，其中1份放入肉桂粉拌匀；将2份冰淇淋液都放入冰箱冷冻，每隔2小时分别取出拌匀，如此重复3~4次。

4 取出两种冰淇淋，交替铺入容器中，冷藏片刻，取出，挖成球，放入盘中，摆上肉桂和树莓，撒上少许肉桂粉即可。

贴心冰语

咖啡有兴奋提神的作用，因此咖啡冰淇淋最好别给儿童食用。

制作时间：18分钟　冷冻时间：5小时

意式咖啡冰淇淋

准备原料	牛奶300毫升	淡奶油300毫升	蛋黄2个
	咖啡150毫升	白砂糖150克	玉米淀粉15克

1. 锅中倒入玉米淀粉，加入牛奶，开小火，用手动搅拌器搅拌均匀，用温度计测温，煮至80℃时关火，倒入白砂糖搅匀，制成奶浆。

2. 玻璃碗中倒入蛋黄，用手动搅拌器打成蛋黄液，备用。

3. 待奶浆温度降至50℃，倒入蛋黄液中，搅拌均匀；再倒入淡奶油搅匀，制成浆汁；倒入咖啡，用电动搅拌器打匀，制成冰淇淋浆。

4. 将冰淇淋浆倒入保鲜盒，封上保鲜膜，放入冰箱冷冻5小时至定型。取出冻好的冰淇淋，撕去保鲜膜，将冰淇淋挖成球状即可。

1

2

4

3

甜酒巧克力冰淇淋

准备原料　牛奶170毫升　　淡奶油170毫升　　黑巧克力80克　　蛋黄2个
　　　　　　巧克力饼干1块　　白砂糖40克　　　百利甜酒适量

1 锅中放入牛奶、淡奶油，开小火，煮至锅边出现小泡，做成奶油糊。

2 将蛋黄和白砂糖放入碗中，用搅拌器将其搅打均匀，做成蛋黄糊。

3 将奶油糊放入蛋黄糊中，搅拌均匀，放在锅中，置火上加热至85℃，用筛网过滤。

4 将黑巧克力切碎，放入过滤好的液体中，搅拌至完全溶化，再放入百利甜酒搅匀，隔冰水冷却，备用。

5 放入冰箱冷冻，每隔2小时取出搅拌1次，重复此操作3~4次，至冰淇淋变硬。取出，挖成球，放入碗中，插上巧克力饼干即可。

鲜奶咖啡冰淇淋

准备原料　牛奶200毫升　　蛋黄3个　　　白砂糖80克　　咖啡酒5毫升
　　　　　　　淡奶油180毫升　咖啡粉20克　巧克力适量　　可可粉适量

1　取少许巧克力隔热水加热至融化；蛋黄中加入白砂糖，搅拌均匀，备用。

2　牛奶加热后，倒入咖啡粉、融化的巧克力，搅匀，再加入蛋黄糊，搅匀。

3　将90毫升淡奶油打至八分发，分次加入到步骤2的浆汁中，搅匀。

4　再放入咖啡酒，搅匀，倒入杯中至7分满，放入冰箱冷冻，每隔2小时取出搅拌1次，重复此操作3~4次。

5　将剩余淡奶油打发，装入裱花袋中，挤到冻好的巧克力冰淇淋上，再筛上少许可可粉即可。

贴心冰语

咖啡粉用速溶咖啡粉能更节省时间。

※

制作时间：20分钟　冷冻时间：6小时

意式咖啡豆冰淇淋

准备原料	牛奶150毫升	淡奶油150毫升	咖啡粉10克
	熟咖啡豆适量	白砂糖50克	蛋黄2个

1 锅中放入牛奶、淡奶油，开小火，煮至锅边出现细小的泡泡时关火。

2 在加热奶油糊时，将蛋黄和白砂糖放入碗中，用搅拌器将其打发成淡黄色。

3 将奶油糊放入蛋黄糊中，搅匀，放入锅中加热至85℃。

4 用筛网过滤后，隔冰水冷却至5℃，放入速溶咖啡粉、熟咖啡豆（留少许待用），充分搅匀。

5 装入容器中，放入冰箱冷冻2小时，取出拌匀，继续冷冻，如此重复3~4次至定型。取出挖成球状，放入碗中，用少许咖啡豆装饰即可。

贴心冰语

巧克力碎需要冷藏保存，以免融化，影响美观。

制作时间：20分钟   冷冻时间：6小时

巧克力碎双色冰淇淋

准备原料　牛奶200毫升　　　蛋黄2个　　　　　白砂糖60克

巧克力碎适量　　　可可粉适量　　　　淡奶油120毫升

1 将牛奶和淡奶油一起放入锅中，开小火，煮至锅边出现小泡。

2 蛋黄中加入白砂糖，搅拌成淡黄色，放入蛋黄糊中，加热至85℃。

3 用筛网过滤后，隔冰水冷却至5℃，然后分成2份，其中1份放入可可粉拌匀，做成双色冰淇淋浆。将两份冰淇淋浆分别装入容器中，放入冰箱冷冻，每隔2小时取出拌匀1次，重复此操作3~4次。

4 取出冰淇淋，先用挖球器挖取适量原味冰淇淋，再挖取适量的可可冰淇淋，做成双色冰淇淋球，再滚上巧克力碎，放入盘中即可。

制作时间：16分钟　冷冻时间：5小时

哈根达斯冰淇淋

准备原料　牛奶300毫升　　白砂糖150克　　淡奶油300毫升
　　　　　　玉米淀粉15克　　巧克力浆适量　　蛋黄2个

开始制作

1. 锅中倒入玉米淀粉，加入牛奶，开小火，用手动搅拌器搅拌均匀，用温度计测温，煮至80℃时关火，倒入白砂糖，搅拌均匀，制成奶浆。

2. 玻璃碗中倒入蛋黄，用手动搅拌器打成蛋黄液，备用。

3. 待奶浆温度降至50℃，倒入蛋黄液中，搅拌均匀，倒入淡奶油搅匀，再倒入巧克力浆，用电动搅拌器打匀，制成冰淇淋浆。

4. 将冰淇淋浆倒入保鲜盒，封上保鲜膜，放入冰箱冷冻5小时至定型。取出冻好的冰淇淋，撕去保鲜膜，将冰淇淋挖成球状，装纸杯即可。

2

4

3

贴心冰语

可以根据自己的喜好添加不同的水果汁，增添风味。

❄

制作时间：22分钟　冷冻时间：6小时

三色冰淇淋

准备原料　牛奶200毫升　　白砂糖50克　　淡奶油200毫升　　蛋黄2个

芒果汁70毫升　草莓汁70毫升　猕猴桃汁70毫升

1　锅中放入牛奶、淡奶油，开火煮至锅边出现小泡，做成奶油糊；蛋黄中加入白砂糖，搅拌成淡黄色，做成蛋黄糊。

2　将奶油糊倒入蛋黄糊中，搅打加热至85℃，用筛网过滤后，隔冰水冷却至5℃；分成3份，分别放入芒果汁、草莓汁、猕猴桃汁，都搅拌均匀。

3　分别装入容器中，放入冰箱冷冻2小时，分别取出拌匀，继续冷冻，重复2~3次至定型，取出3种冰淇淋，分别挖成球状，放入杯中即可。

贴心冰语

杏仁粉中含有的杏仁油可以保养皮肤、淡化色斑,使皮肤白嫩。

制作时间：23分钟　冷冻时间：6小时

核桃杏仁冰淇淋

准备原料 烤熟的杏仁100克　　烤熟的核桃仁60克　　淡奶油200毫升
　　　　　牛奶200毫升　　　　白砂糖60克　　　　　蛋黄4个

1　将烤熟的杏仁、核桃仁与白砂糖一起倒入搅拌机中,打成粉。

2　奶锅中倒入牛奶,加热至40℃关火;倒入打散的蛋黄,搅拌均匀;继续开小火,边加热边搅拌,至微微黏稠时关火;加杏仁核桃粉拌匀,再隔冰水冷却。

3　将淡奶油打发好,加入杏仁核桃奶糊中,以切拌的方式拌匀,倒入带盖容器中,盖上盖子,放入冰箱冷冻,每隔2小时取出搅拌1次,重复3~4次即可。

制作时间：25分钟　冷冻时间：6小时

芒果鳄梨冰淇淋

准备原料　牛奶200毫升　　白砂糖60克　　　淡奶油100毫升
　　　　　　鳄梨适量　　　　芒果果酱适量　　蛋黄2个

1 将蛋黄与白砂糖放入容器中，打发至变白，加入牛奶，拌匀。

2 放入锅中，用小火加热，煮至牛奶蛋黄糊呈浓稠状，离火，稍凉后隔冰水冷却。

3 将淡奶油打发，分次加入牛奶蛋糊中，拌匀；放入冰箱冷冻，每隔2小时取出拌匀1次，重复此步骤3次。

4 鳄梨去皮、核，切成厚片，摆入盘中，淋上芒果果酱。

5 取出冻好的冰淇淋，挖球，放在鳄梨上，再淋上少许芒果果酱即可。

芒果巧克力冰淇淋

准备原料　牛奶180毫升　　淡奶油200毫升　蛋黄2个　　芒果汁70毫升
　　　　　　　巧克力碎50克　　白砂糖50克　　　肉桂适量　　圣女果适量

1 锅中放入牛奶、淡奶油，开火，煮至锅边出现小泡，关火。

2 将蛋黄和白砂糖放入碗中，搅拌成淡黄色，倒入奶油糊，搅打加热至85℃。

3 用筛网过滤后，隔冰水冷却至5℃，分成2份，分别放入芒果汁、巧克力碎，都搅拌均匀。

4 将2份冰淇淋浆分别装入容器中，放入冰箱冷冻2小时，取出拌匀，继续冷冻，重复此步骤3~4次。

5 取出两种冰淇淋，分别挖成球状，放入杯中，摆上肉桂、圣女果装饰即可。

Chapter 4

果蔬冰淇淋，感受健康滋味

新鲜的蔬果带来清新舒适的口感，
配上冰淇淋的甜蜜清爽，
简直是一场场视觉和味觉的盛宴。

贴心冰语

可加入新鲜草莓果肉，以丰富口感。草莓还含有膳食纤维，可助消化。

草莓冰淇淋

准备原料 牛奶300毫升　　　淡奶油300毫升　　蛋黄2个
玉米淀粉10克　　　白砂糖150克　　　草莓泥400克

1 锅中倒入玉米淀粉，加入牛奶，开小火，搅拌均匀，用温度计测温，煮至80℃时关火，倒入白砂糖搅匀，制成奶浆。

2 玻璃碗中倒入蛋黄，用手动搅拌器打成蛋黄液，再加入奶浆、淡奶油，搅拌均匀，制成浆汁。

3 倒入草莓泥，搅拌均匀，制成冰淇淋浆。

4 将冰淇淋浆倒入保鲜盒，封上保鲜膜，放入冰箱冷冻5小时至定型。取出冻好的冰淇淋，撕去保鲜膜，用挖球器挖成球状，装碟即可。

1

2

4

3

石榴冰淇淋

准备原料	牛奶300毫升	淡奶油300毫升	蛋黄2个
	石榴汁100毫升	白砂糖150克	玉米淀粉15克

1 锅中倒入玉米淀粉，加入牛奶，开小火，用手动搅拌器搅拌均匀，用温度计测温，煮至80℃时关火，倒入白砂糖搅匀，制成奶浆。

2 玻璃碗中倒入蛋黄，用手动搅拌器打成蛋黄液；待奶浆温度降至50℃，倒入蛋黄液中，拌匀。

3 再倒入淡奶油、石榴汁，用电动搅拌器打匀，制成冰淇淋浆，倒入保鲜盒中，封上保鲜膜，放入冰箱冷冻5小时至定型。

4 取出冻好的冰淇淋，撕去保鲜膜，用挖球器挖成球状，装碟即可。

1

2

4

3

浆果酸奶冰淇淋

准备原料　草莓120克　　覆盆子120克　　固体酸奶100克
白砂糖60克　　淡奶油100毫升

开始制作

1 将草莓、覆盆子洗净，放入搅拌机中，加入白砂糖，搅打成口感绵软的糊状。

2 用筛网过滤去籽，制成果酱，装入大碗中。

3 将淡奶油用电动搅拌器打至七八分发，放入果酱中拌匀，加入固体酸奶搅匀，装入密封容器。

4 将容器放入冰箱冷冻，每隔2小时取出冰淇淋，用叉子搅拌，此操作重复3~4次，至冰淇淋变硬。取出，用挖球器挖成冰淇淋球，放入碗中即可。

制作时间：20分钟　冷冻时间：6小时

树莓酸奶冰淇淋

准备原料　原味酸奶150毫升　淡奶油200毫升　树莓200克
　　　　　　蛋卷底托2个　　　白砂糖40克　　玉米淀粉适量

开始制作

1　将树莓洗净，与白砂糖一起放入搅拌机中，搅打成汁，用筛网过滤，取汁液，加入原味酸奶、玉米淀粉，搅匀。

2　淡奶油打发，加入拌好的树莓混合液中，搅拌均匀。

3　放入容器中，再转入冰箱冷冻，每隔2小时取出搅拌1次，重复此操作3~4次。

4　取出冻好的冰淇淋，挖成球，分别放入蛋卷底托中即可。

贴心冰语

用筛网过滤后的果汁更加细腻，制成的冰淇淋口感也更加绵软。

制作时间：15分钟　冷冻时间：5小时

香蕉冰淇淋

准备原料　香蕉果肉200克　　淡奶油200毫升　　牛奶300毫升　　蛋黄2个
　　　　　　柠檬汁10毫升　　玉米淀粉10克　　白砂糖75克

开始制作

1 将玉米淀粉、牛奶倒入锅中，开小火，边煮边搅，至80℃关火，再加入白砂糖，用手动搅拌器搅匀，制成奶浆。

2 玻璃碗中倒入蛋黄，打发成蛋黄液，加入奶浆，倒入淡奶油，搅匀，制成浆汁。

3 另取一只玻璃碗，放入香蕉果肉，用电动搅拌器打成泥状，加入柠檬汁，倒入浆汁，搅匀，制成冰淇淋浆。

4 将冰淇淋浆倒入保鲜盒，封上保鲜膜，放入冰箱冷冻5小时至定型。取出冻好的冰淇淋，撕去保鲜膜，将冰淇淋挖成球状，装杯即可。

1

2

3

4

贴心冰语

可加入适量炼奶，
这样做出来的冰淇
淋味道会更香甜。

制作时间：18分钟　冷冻时间：5小时

草莓香蕉冰淇淋

准备原料　牛奶300毫升　　淡奶油300毫升　　蛋黄2个　　　　玉米淀粉15克
　　　　　　　香蕉泥200克　　　草莓酱100克　　　白砂糖150克

1　锅中倒入玉米淀粉，加入牛奶，开小火，用手动搅拌器搅匀，用温度计测温，煮至80℃时关火，倒入白砂糖搅匀，制成奶浆。

2　玻璃碗中倒入蛋黄，用手动搅拌器打成蛋黄液，备用。

3　待奶浆温度降至50℃，倒入蛋黄液中，搅拌均匀，倒入淡奶油、香蕉泥、草莓酱，搅拌均匀，制成冰淇淋浆。

4　将冰淇淋浆倒入保鲜盒，封上保鲜膜，放入冰箱冷冻5小时至定型。取出冻好的冰淇淋，撕去保鲜膜，用挖球器挖成球状，装碟即可。

1

4

3

贴心冰语

桑葚不仅酸甜可口，还有乌发美容的功效。桑葚还可以换成蓝莓等水果。

❄

制作时间：18分钟　冷冻时间：5小时

草莓桑葚冰淇淋

准备原料　牛奶300毫升　　淡奶油300毫升　　蛋黄2个　　草莓200克
　　　　　　桑葚150克　　　玉米淀粉10克　　　白砂糖150克

1　草莓洗净切碎，桑葚洗净切碎；锅中倒入玉米淀粉，加入牛奶，开小火，边煮边搅拌，用温度计测温，煮至80℃时关火，倒入白砂糖搅匀，制成奶浆。

2　碗中倒入蛋黄，用手动搅拌器打成蛋黄液，再加入奶浆、淡奶油拌匀，制成浆汁。

3　倒入草莓碎、桑葚碎，搅拌均匀，倒入保鲜盒，封上保鲜膜，放入冰箱冷冻5小时定型。

4　取出冻好的冰淇淋，撕去保鲜膜，挖成球状，装碟即可。

贴心冰语

加入了椰奶的冰淇淋香味更加浓郁。其中，椰奶有清凉消暑的作用。

制作时间：15分钟   冷冻时间：5小时

草莓椰奶冰淇淋

准备原料　牛奶250毫升　　椰奶100毫升　　淡奶油300毫升　　蛋黄2个
玉米淀粉15克　　草莓汁300毫升　草莓块适量　　　白砂糖150克

1 锅中倒入玉米淀粉，加入牛奶，开小火，用手动搅拌器搅匀，用温度计测温，煮至80℃时关火，倒入白砂糖，拌匀成奶浆；玻璃碗中倒入蛋黄，用手动搅拌器打成蛋黄液。

2 待奶浆温度降至50℃，倒入蛋黄液中拌匀，再倒入淡奶油、草莓汁、椰奶、草莓块，用电动搅拌器打匀，制成冰淇淋浆，倒入保鲜盒，封上保鲜膜，冷冻5小时至定型。

3 取出冻好的冰淇淋，撕去保鲜膜，用挖球器挖成球状，装入碗中即可。

贴心冰语

西瓜汁容易氧化，最好现榨现用，也可以将榨好的西瓜汁先放入冰箱冷藏。

❄

制作时间：15分钟　冷冻时间：5小时

西瓜冰淇淋

准备原料 牛奶300毫升 淡奶油300毫升 蛋黄2个 玉米淀粉15克
西瓜汁350毫升 草莓块100克 白砂糖150克

开始
制作

1 锅中倒入玉米淀粉，加入牛奶，开小火，用
手动搅拌器搅拌均匀，用温度计测温，煮至
80℃时关火，倒入白砂糖搅匀，制成奶浆。

2 玻璃碗中倒入蛋黄，用手动搅拌器打成蛋黄
液；待奶浆温度降至50℃后，倒入蛋黄液
中，搅拌均匀。

3 再倒入淡奶油、西瓜汁，用电动搅拌器打
匀，制成冰淇淋浆。

4 将冰淇淋浆倒入保鲜盒，封上保鲜膜，放
入冰箱冷冻5小时至定型。取出冻好的冰淇
淋，撕去保鲜膜，用挖球器挖成球状即可。

制作时间：15分钟　冷冻时间：5小时

橙味冰淇淋

| **准备原料** | 牛奶300毫升 | 淡奶油300毫升 | 蛋黄2个 |
| | 玉米淀粉10克 | 糖粉150克 | 橙汁100毫升 |

开始制作

1. 锅中倒入玉米淀粉，加入牛奶，开小火，搅拌均匀，用温度计测温，煮至80℃时关火，倒入糖粉搅匀，制成奶浆。

2. 玻璃碗中倒入蛋黄，用手动搅拌器打成蛋黄液，加入放凉的奶浆、倒入淡奶油，搅拌均匀，制成浆汁。

3. 加入橙汁拌匀，制成冰淇淋浆。将冰淇淋浆倒入保鲜盒，封上保鲜膜，放入冰箱冷冻5小时至定型。

4. 取出冻好的冰淇淋，撕去保鲜膜，用挖球器挖成球状即可。

1

2

4

3

❄

制作时间：18分钟　冷冻时间：6小时

美国派冰淇淋

准备原料	牛奶225毫升	蛋黄3个	淡奶油120毫升	蛋卷底托1个
	白砂糖50克	芒果酱适量	树莓酱适量	

开始制作

1 取一半淡奶油打至发白，放入冰箱冷冻。

2 牛奶放进奶锅中，开小火加热，加入少许白砂糖，不停搅拌，至微微沸腾，离火。

3 将剩余白砂糖加入蛋黄中，打至发白，再缓慢倒入热牛奶液，边倒边搅拌，制成蛋奶糊。

4 将剩余淡奶油打发，倒入蛋奶糊中，搅拌均匀，再一分为二，其中一半加入芒果酱，搅拌均匀，将两份冰淇淋浆均装入容器中。

5 将容器放入冰箱冷冻，每隔2小时取出搅拌1次，重复此操作3~4次，冰淇淋冻好后取出挖成球，分层叠加到蛋卷底托中，淋上树莓酱即可。

❄

山楂蓝莓冰淇淋

准备原料　蓝莓200克　　　牛奶200毫升　　　蛋黄2个
　　　　　　　白砂糖80克　　　淡奶油180毫升　　山楂果酱适量

1 将蛋黄、白砂糖、牛奶倒入奶锅，开小火，边加热边搅拌至微微沸腾，离火，再缓慢倒入淡奶油，并搅拌均匀。

2 将洗净的蓝莓（留少许作装饰用）装入保鲜袋里，碾压成浆，用筛网过滤。

3 待煮过的混合液彻底冷却后，将蓝莓浆倒入，搅打均匀，装入容器中。

4 将容器放入冰箱冷冻，每隔2小时取出搅拌均匀，如此重复3~4次。

5 取出冷冻好的冰淇淋，挖成球形，装入盘中，淋上山楂果酱，再装饰上少许蓝莓即可。

贴心冰语

应将搅打好的冰淇淋浆上的气泡掠去，以免冻出来的冰淇淋不美观。

制作时间：15分钟　冷冻时间：5小时

豆腐冰淇淋

准备原料 | 牛奶300毫升 | 淡奶油300毫升 | 蛋黄2个 | 玉米淀粉15克
豆腐泥300克 | 豆浆200毫升 | 白砂糖150克

开始制作

1 锅中倒入玉米淀粉，加入牛奶，开小火，用手动搅拌器搅匀，用温度计测温，煮至80℃时关火，倒入白砂糖搅匀，制成奶浆。

2 玻璃碗中倒入蛋黄，用手动搅拌器打成蛋黄液；待奶浆温度降至50℃，倒入蛋黄液中搅匀，倒入淡奶油搅匀，制成浆汁。

3 另一只玻璃碗，倒入豆腐泥、豆浆、浆汁，拌匀，制成冰淇淋浆。将冰淇淋浆倒入保鲜盒，封上保鲜膜，放入冰箱冷冻5小时至定型。

4 取出冻好的冰淇淋，撕去保鲜膜，挖成球状，装碟即可。

1

2

4

3

贴心冰语

最后可撒些花生碎
在冰淇淋球上，你
会获得不一样的美
味口感。

花生冰淇淋

准备原料	牛奶300毫升	淡奶油300毫升	蛋黄2个
	花生酱200克	白砂糖150克	玉米淀粉15克

开始制作

1　锅中倒入玉米淀粉，加入牛奶，开小火，用手动搅拌器搅拌均匀，用温度计测温，煮至80℃时关火，倒入白砂糖搅匀，制成奶浆。

2　玻璃碗中倒入蛋黄，用手动搅拌器打成蛋黄液；待奶浆温度降至50℃，倒入蛋黄液中，搅拌均匀。

3　倒入淡奶油、花生酱，用电动搅拌器打匀，制成冰淇淋浆，将冰淇淋浆倒入保鲜盒，封上保鲜膜，放入冰箱冷冻5小时至定型。

4　取出冻好的冰淇淋，撕去保鲜膜，用挖球器挖成球状，装碟即可。

1

2

3

4

制作时间：18分钟　冷冻时间：6小时

甜杏冰淇淋

准备原料　杏子230克　白砂糖85克　糖浆10克　淡奶油150毫升
　　　　　　　橙汁15毫升　柠檬汁15毫升　清水适量

开始制作

1　杏子洗净，去皮、核，取果肉。

2　锅中放入适量的清水、白砂糖、糖浆，慢火熬至白砂糖溶化，用筛网过滤后晾凉。

3　将杏肉、橙汁、柠檬汁和熬好的糖浆一起放入搅拌机中，搅打均匀。

4　淡奶油打至六分发，放入步骤3做好的浆汁中，搅拌均匀。

5　放入冰箱冷冻，每隔2小时取出搅拌1次，重复操作此步骤3~4次。取出冻好的冰淇淋，用挖球器挖成球状，放入碗中即可。

西瓜柠檬冰淇淋

准备原料	牛奶150毫升	淡奶油140毫升	蛋黄2个
	柠檬汁少许	白砂糖50克	西瓜100克

1. 将西瓜去籽，切小块，放入搅拌机中搅打成汁，然后用筛网过滤，制成西瓜汁。

2. 将蛋黄和白砂糖放入碗中，搅拌成浅黄色蛋黄液。

3. 将牛奶和淡奶油放入锅中，开小火，煮至锅边出现小泡，制成奶油糊。

4. 将奶油糊倒入蛋黄液中，拌匀后倒入锅中，加热至85℃时离火，再隔冰水冷却至5℃，加入西瓜汁、柠檬汁拌匀，制成冰淇淋浆。

5. 放入冰箱冷冻，每隔2小时取出搅拌1次，重复操作此步骤3~4次，至冰淇淋变硬，取出挖成球状，装碟即可。

贴心冰语

冰淇淋冷冻2小时后，
取出搅拌数下再继续
冷冻，会使做好的冰淇
淋更蓬松，如喜欢蓬松
的口感可进行此操作。

紫薯冰淇淋

准备原料　牛奶300毫升　　淡奶油300毫升　　蛋黄2个
　　　　　　熟紫薯泥100克　白砂糖150克　　玉米淀粉15克

开始制作

1　锅中倒入玉米淀粉，加入牛奶，开小火，用手动搅拌器搅拌均匀，用温度计测温，煮至80℃时关火，倒入白砂糖搅匀，制成奶浆。

2　玻璃碗中倒入蛋黄，用手动搅拌器打成蛋黄液；待奶浆温度降至50℃，倒入蛋黄液中，搅拌均匀。

3　倒入淡奶油、熟紫薯泥，用电动搅拌器搅拌均匀，制成冰淇淋浆。

4　将冰淇淋浆倒入保鲜盒，封上保鲜膜，放入冰箱冷冻5小时至定型。取出冻好的冰淇淋，撕去保鲜膜，用挖球器挖成球状，装盘即可。

1

2

4

3

贴心冰语

若想口感更幼滑，
可适当增加淡奶油
的分量。

番茄冰淇淋

准备原料	牛奶300毫升	淡奶油300毫升	蛋黄2个
	番茄酱300克	白砂糖150克	玉米淀粉15克

1 锅中倒入玉米淀粉，加入牛奶，开小火，用手动搅拌器搅拌均匀，用温度计测温，煮至80℃关火，倒入白砂糖搅匀，制成奶浆。

2 玻璃碗中倒入备好的蛋黄，用手动搅拌器打成蛋黄液；待奶浆温度降至50℃，倒入蛋黄液中，搅拌均匀。

3 倒入淡奶油、番茄酱，用电动搅拌器打匀，制成冰淇淋浆，倒入保鲜盒，封上保鲜膜，放入冰箱冷冻5小时至定型。

4 取出冻好的冰淇淋，撕去保鲜膜，用挖球器将冰淇淋挖成球状，装入杯中即可。

1

2

4

3

贴心冰语

还可以适量加入一点坚果碎，以丰富冰淇淋的口感。

❄

制作时间：18分钟　冷冻时间：6小时

番茄酸奶冰淇淋

准备原料　原味酸奶150毫升　　淡奶油200毫升　　番茄250克
　　　　　　白砂糖40克　　　　玉米淀粉适量

1　将番茄洗净切块，与白砂糖一起放入搅拌机中，搅打至绵软，用筛网过滤，取汁液，加入原味酸奶、玉米淀粉，搅匀。

2　将淡奶油打发，加入到拌好的番茄混合液中，搅拌均匀，制成冰淇淋浆。

3　将冰淇淋浆盛入容器中，放入冰箱冷冻，每隔2小时取出搅拌1次，重复操作此步骤3~4次。

4　取出冻好的冰淇淋，挖成球状，放入碗中即可。

贴心冰语

紫薯煮熟之后再去皮更加容易。紫薯不仅口感绵软，还有通便排毒之效。

❄

制作时间：25分钟　冷冻时间：6小时

酸奶紫薯甜筒冰淇淋

准备原料　酸奶150毫升　　淡奶油200毫升　　紫薯200克
　　　　　　蛋卷底托3个　　白砂糖40克　　　玉米淀粉适量

1 将紫薯煮熟，去皮，压成泥，与白砂糖一起放入搅拌机中，搅打至绵软。

2 在紫薯泥中加入酸奶、玉米淀粉，搅匀。

3 将淡奶油打发，加入到拌好的紫薯泥中，搅拌均匀，做成冰淇淋浆。

4 将冰淇淋浆盛入容器中，放入冰箱冷冻，每隔2小时取出搅拌1次，重复操作此步骤3~4次。

5 取出冻好的冰淇淋，挖成球状，分别放入蛋卷底托中即可。

贴心冰语

山药中含有多糖、淀粉、蛋白质等多种营养物质，可以健脾养胃、排毒养颜。

山药蓝莓冰淇淋

准备原料 牛奶300毫升　淡奶油300毫升　蛋黄2个　玉米淀粉15克
山药泥300克　蓝莓酱30克　白砂糖150克

开始制作

1 锅中倒入玉米淀粉，加入牛奶，开小火，用手动搅拌器搅拌均匀，用温度计测温，煮至80℃时关火，倒入白砂糖搅匀，制成奶浆。

2 玻璃碗中倒入蛋黄，用手动搅拌器打成蛋黄液；待奶浆温度降至50℃，倒入蛋黄液中，搅拌均匀。

3 倒入淡奶油，搅拌均匀，倒入山药泥，加入蓝莓酱，用电动搅拌器打匀，制成冰淇淋浆。

4 将冰淇淋浆倒入保鲜盒，封上保鲜膜，放入冰箱冷冻5小时至定型。取出冻好的冰淇淋，撕去保鲜膜，将冰淇淋挖成球状，装碟即可。

1

2

4

3

贴心冰语

长时间冷冻会使冰淇淋变得很硬,所以食用之前回温一下口感会更好。

南瓜冰淇淋

准备原料 牛奶300毫升　　淡奶油300毫升　　蛋黄2个
熟南瓜泥300克　白砂糖150克　　玉米淀粉15克

开始制作

1. 锅中倒入玉米淀粉，加入牛奶，开小火，用手动搅拌器搅匀，用温度计测温，煮至80℃关火，倒入白砂糖搅匀，制成奶浆。

2. 玻璃碗中倒入蛋黄，用手动搅拌器打成蛋黄液；待奶浆温度降至50℃，倒入蛋黄液中，搅拌均匀。

3. 倒入淡奶油、熟南瓜泥，用电动搅拌器打匀，制成冰淇淋浆，将冰淇淋浆倒入保鲜盒，封上保鲜膜，放入冰箱冷冻5小时至定型。

4. 取出冻好的冰淇淋，撕去保鲜膜，用挖球器挖成球状，装碟即可。

1

2

4

3

贴心冰语

南瓜本身就有一点甜味，因此可以不用放糖。

❄

制作时间：30分钟　冷冻时间：6小时

无糖南瓜冰淇淋

准备原料　牛奶250毫升　　南瓜200克　　鱼胶粉5克　　粟粉5克
　　　　　　淡奶油100毫升　巧克力液适量　可可粉适量

开始制作

1 南瓜去皮洗净，切成块，放入锅中蒸熟后取出，压成泥；鱼胶粉、粟粉中分别加入少许热水，拌匀。

2 牛奶倒入奶锅中，放入鱼胶粉浆，煮至微沸；再加入粟粉浆拌匀，冷藏。

3 将淡奶油打发，放入南瓜泥中拌匀，再倒入冷却后的混合液中拌匀，制成冰淇淋浆。放入冰箱冷冻，每隔2小时取出搅拌1次，如此反复3次。

4 取出冻好的冰淇淋，挖成球状，然后淋上巧克力液，在四周撒上可可粉即可。

贴心冰语

可以加入巧克力碎，
使冰淇淋的口感更加
丰富。

❄

制作时间：25分钟　冷冻时间：6小时

双色蛋奶冰淇淋

准备原料　草莓150克　　　蓝莓50克　　　牛奶100毫升
淡奶油180毫升　白砂糖70克　　蛋黄2个

开始
制作

1　将白砂糖加入到蛋黄中打成蛋黄液，牛奶煮至微沸，倒入蛋黄液中，边倒边搅拌，再加热直至浓稠，关火冷却。

2　留几颗草莓、蓝莓，剩余草莓、蓝莓均洗净去蒂，分别放入搅拌机，打成泥。

3　将冷却好的蛋奶糊分成2份，分别加入草莓果泥、蓝莓果泥，分别搅拌均匀。

4　将淡奶油打至七分发，再分别倒入到2份果泥蛋奶糊中，拌匀，制成冰淇淋浆。放入冰箱冷冻，每隔2小时取出搅拌1次，如此重复3~4次，取出后挖成球状，装入盘中，装饰上剩余的草莓和蓝莓即可。

Chapter 5

多彩雪芭，低糖低脂好味道

没有牛奶，没有蛋黄，
简简单单水果与冰的结合，
给你别样清爽的滋味。
爱吃冰淇淋的你，
吃再多也不怕胖了！

贴心冰语

加入了柠檬汁的西瓜
雪芭，少了些甜腻，
多了份清爽。

制作时间：18分钟　冷冻时间：6小时

西瓜雪芭

准备原料　西瓜1000克　　　柠檬汁适量　　　白砂糖20克　　　清水少许

1 锅中放入白砂糖和少量清水，用中高火加热至沸腾，并不停搅拌至白砂糖完全溶化为糖浆，冷却至室温备用。

2 西瓜去皮、籽，切成小块。

3 取出搅拌机，放入切好的西瓜块。

4 放入糖浆、柠檬汁，搅打均匀，倒入碗中，加盖冷冻2小时取出，用电动搅拌器打散，再继续冷冻，如此重复3~4次至定型。取出挖成球状即可食用。

1

2

4

3

❄

制作时间：15分钟　冷冻时间：6小时

青瓜柠檬雪芭

准备原料　青瓜500克　　　柠檬汁少许　　　白砂糖20克

开始制作

1 锅中放入白砂糖和少量水，用中高火加热至沸腾，并不停搅拌至白砂糖完全溶化为糖浆，冷却至室温。

2 青瓜洗净，切成小块。

3 取出备好的搅拌机，放入切好的青瓜块。

4 放入糖浆、柠檬汁，搅打均匀，倒入碗中。加盖冷冻2小时取出，用电动搅拌器打散，再继续冷冻，如此重复3~4次至定型，挖成球状即可食用。

贴心冰语

青瓜中含有的葫芦素C有提高人体免疫力的作用。留下青瓜皮可以增强雪芭清爽的口感。

贴心冰语

想要成品口感更加细腻，可以在搅打后用筛网过滤几次。

制作时间：16分钟　冷冻时间：6小时

青瓜猕猴桃雪芭

准备原料　猕猴桃200克　　　青瓜适量　　　白砂糖60克

1 猕猴桃去皮，洗净，少许切片，剩余的切成丁；青瓜洗净，切块。

2 将猕猴桃丁、青瓜块、白砂糖一起放入搅拌机中，搅打至绵软，盛入容器中。

3 放入冰箱冷冻，每隔2小时取出搅拌1次，重复此操作3~4次至定型。

4 取出冻好的雪芭，挖成球状，放入盘中，摆上切好的猕猴桃片即可。

香蕉雪芭

准备原料 香蕉500克　　　白砂糖15克　　　柠檬汁少许

1 香蕉去皮，切成小块。

2 将香蕉块放入搅拌机中，搅打至绵软。

3 取出搅打好的香蕉泥，放入碗中，加入白砂糖、柠檬汁，用电动搅拌器搅打至顺滑。

4 将香蕉混合物倒入碗中，加盖冷冻2小时，取出，用电动搅拌器打散，再继续冷冻，如此重复3~4次至定型。取出冻好的雪芭挖成球状即可。

1

2

4

3

贴心冰语

最后一次冷冻雪芭时放入木棍，更方便取出。

※

制作时间：20分钟　冷冻时间：6小时

香橙雪芭

准备原料　橙子800克　　　白砂糖25克　　　清水少许

1　橙子去皮，切成小块。

2　取出搅拌机，放入橙子块、少许清水、白砂糖，搅打至绵软。

3　取出，用筛网过滤出橙汁。

4　将橙汁倒入碗中，加盖冷冻2小时取出，用电动搅拌器打散，再继续冷冻，如此重复3~4次至定型。将冻好的雪芭挖成球即可。

贴心冰语

红心火龙果含有丰富的水溶性膳食纤维，可促进肠道蠕动，预防便秘。

制作时间：15分钟　冷冻时间：6小时

火龙果雪芭

准备原料　红心火龙果2个　　　白砂糖25克　　　淡奶油、清水各少许

1 红心火龙果去皮，取果肉，切成小块。

2 取出搅拌机，放入红心火龙果块、少许清水、白砂糖，搅打至绵软。

3 将火龙果汁倒入碗中，加盖冷冻2小时取出，用电动搅拌器打散，再继续冷冻，如此重复3~4次至定型。将冻好的雪芭挖成球，配上淡奶油食用即可。

制作时间：22分钟　冷冻时间：6小时

蓝莓雪芭

准备原料 蓝莓500克　　　白砂糖50克　　　椰丝适量

开始
制作

1 将蓝莓清洗干净。

2 取一个罐子，放入备好的白砂糖，再放入蓝莓，拌匀后放入冰箱冷藏1小时。

3 取出搅拌机，放入腌渍好的蓝莓，搅打至绵软。

4 取出用筛网过滤出汁水，将汁水倒入保鲜盒中，加盖冷冻2小时，取出，用电动搅拌器打散，再继续冷冻，如此重复3~4次至定型。取出，放在室温稍微软化，撒上椰丝即可。

1

2

4

3

贴心冰语

草莓汁中还可加入适量的柠檬汁，能提升亮度及香味。

❄

制作时间：25分钟　冷冻时间：6小时

草莓雪芭

准备原料　草莓500克　　　　白砂糖50克

1. 草莓去蒂，洗净。

2. 将草莓放进锅里，撒上白砂糖，用小火煮至草莓软化，中间不停搅拌，以免煳锅，煮10~15分钟，待汁水溢出，关火待凉。

3. 把煮好的草莓倒入搅拌机，连皮带籽搅打成浆。

4. 用筛网过滤出草莓汁，放入保鲜盒中冷冻2小时后取出，用电动搅拌器打散，再继续冷冻，如此重复3~4次至定型。取出冻好的雪芭，挖成球状即可。

❄

制作时间：20分钟　冷冻时间：6小时

双莓雪芭

准备原料　树莓550克　　　蓝莓少许　　　白砂糖30克　　　清水少许

1　将树莓、蓝莓洗净，留下少许作装饰用。

2　取出搅拌机，放入树莓、少许清水、蓝莓，搅打至绵软，用筛网过滤出汁水。

3　将汁水倒入保鲜盒中，加盖冷冻2小时取出，用电动搅拌器打散，再继续冷冻，如此重复3~4次至定型。将冻好的雪芭挖成球，用树莓、蓝莓装饰即可。

菠萝树莓雪芭

准备原料　菠萝1个　　　　　树莓适量　　　　　白砂糖30克

1 树莓洗净待用；菠萝从2/3的地方横切开，掏空，取出果肉，切成小块，下半部分的菠萝作为盅。

2 将菠萝果块、白砂糖一起放入搅拌机中，搅打至绵软。

3 用筛网滤除籽，取果泥，搅拌均匀，放入保鲜盒中，封上保鲜膜。

4 将保鲜盒放入冰箱冷冻，每隔2小时取出搅拌1次，如此重复操作3~4次，最后一次放入树莓拌匀，冻好后取出，挖成球状，放入菠萝盅中即可。

1

2

4

3

制作时间：20分钟　冷冻时间：6小时

黄桃雪芭

准备原料 黄桃400克　　白砂糖30克　　清水少许

开始制作

1 黄桃洗净切开，去皮、核，将果肉切块，倒入搅拌机中，加入白砂糖，再倒入少许清水，打成果泥。

2 将果泥装入保鲜盒中，封上保鲜膜然后放入冰箱冷冻。

3 每隔2小时取出搅拌1次，重复此过程3~4次，冻好后取出挖成球状即可。

贴心冰语

黄桃要选软中带硬的，甜多酸少，就算不加糖也很清甜。

李子雪芭

准备原料　李子350克　　　白砂糖30克　　　清水少许

开始
制作

1 李子洗净切开，去皮、核，将果肉切块，倒入搅拌机中，加入白砂糖，再倒入少许矿泉水，打成果泥。

2 将果泥装入保鲜盒中，然后放入冰箱冷冻室冷冻。

3 每隔2小时取出搅拌1次，重复此过程3~4次，冻好后取出挖成球状即可。

贴心冰语

李子的果肉一般不容易打碎，搅打后最好过滤一下，以去除较大颗粒的果肉。

Chapter 6

冰淇淋餐后甜点，果香弥漫清清凉

正餐后，必定要有甜点，
这是西方人的一种生活习惯，
也是他们的一种执着。
用清凉的冰淇淋甜点来结束美好的一餐，
是再好不过的事儿了。

冰淇淋蜜汁烤菠萝

准备原料　菠萝300克　　　酸奶冰淇淋球2个　　　蜂蜜20克　　　食用油少许

1. 洗净去皮的菠萝切成薄片，待用。

2. 在烧烤架上刷适量食用油，将切好的菠萝片放到烧烤架上，用中火烤约5分钟至上色。

3. 在菠萝表面均匀地刷上适量蜂蜜，将菠萝片翻面，再刷上适量蜂蜜，用中火烤约5分钟至上色。

4. 再将菠萝片翻面，刷上适量蜂蜜，烤约1分钟，装入盘中，放上酸奶冰淇淋球，再淋上少许蜂蜜即可。

1

2

4

3

贴心冰语

冷热之间冰淇淋融化得很快，因此要尽快食用。

❄

准备时间：2分钟　烧烤时间：12分钟

枫糖烤黄桃配香草酸奶冰淇淋

准备原料	黄桃1个	香草酸奶冰淇淋球1个	核桃碎适量
	枫糖浆少许	食用油少许	

1 将黄桃洗净，对半切开，待用。

2 在烧烤架上刷适量食用油，将切好的黄桃放到烧烤架上，用中火烤6分钟至上色。

3 在黄桃表面均匀地刷上适量枫糖浆，将黄桃翻面，再刷上适量枫糖浆，用中火烤约5分钟至上色。

4 再将黄桃翻面，刷上适量枫糖浆，撒上核桃碎烤约1分钟，装入盘中，放上香草酸奶冰淇淋即可。

贴心冰语

可选用罐装的蓝莓酱，
也可选用新鲜的蓝莓，
搅打成蓝莓浆。

制作时间：18分钟　冷冻时间：6小时

蓝莓冰淇淋配华夫饼

准备原料

蓝莓200克　　　牛奶200毫升　　　淡奶油160毫升
华夫饼1块　　　白砂糖80克　　　蛋黄2个

开始制作

1. 取华夫饼，放在洗净的盘中。

2. 将蛋黄、白砂糖、牛奶倒入奶锅，搅拌均匀，用小火加热并不断搅拌，直至开始冒小泡，离火，倒入淡奶油，搅拌均匀，晾凉待用。

3. 蓝莓洗净，留少许待用，大部分装入保鲜袋，压成浆，过滤掉蓝莓皮，倒入蛋奶糊中，搅打均匀，做成冰淇淋浆。

4. 将冰淇淋浆放入冰箱冷冻，每隔2小时取出搅拌，重复此操作3~4次。至冰淇淋变硬，取出，挖成球状，放在华夫饼上，再摆入剩余蓝莓装饰即可。

华夫饼椰奶冰淇淋

准备原料　蛋白3个　　溶化的黄油30克　　低筋面粉180克　　泡打粉5克
　　　　　　盐2克　　　牛奶200毫升　　　椰奶冰淇淋球1个　香草荚适量
　　　　　　蛋黄3个　　白砂糖75克

1 将白砂糖、牛奶倒入备好的容器中拌匀，加入低筋面粉、蛋黄拌匀，放入泡打粉、盐搅匀，再倒入大部分黄油，搅拌均匀，至其呈糊状。

2 将蛋白倒入另一个容器中，用手动搅拌器打发，倒入面糊中，搅匀。

3 将华夫炉温度调成200℃，预热一会儿，在炉子上涂上剩余黄油，将拌好的材料倒在华夫炉中，至其起泡。

4 盖上盖儿，烤1分钟至熟，取出，切成小块，装入盘中，放上椰奶冰淇淋球，装饰上香草荚即可。

坚果冰淇淋小饼干

准备原料　花生碎适量　　低筋面粉90克　　蛋白20克　　奶粉15克

　　　　　　　可可粉10克　　黄油80克　　　糖粉30克　　豆浆酸奶冰淇淋1个

开始
制作

1 将低筋面粉、奶粉、可可粉倒于面板上，拌匀后铺开，加入蛋白、糖粉，搅拌均匀。

2 加入黄油，拌匀后进行按压，使面团成型，把面团搓成长条状。

3 将面团包上保鲜膜，放入冰箱冷冻1小时后取出，拆开保鲜膜，用模具把面团按压成厚约1厘米的饼干生坯。

4 把饼干生坯装入烤盘，放入烤箱中，以上、下火均为170℃的温度烤约20分钟至熟。取出，夹入豆浆酸奶冰淇淋，粘上花生碎即可食用。

贴心冰语

在煮蛋黄牛奶混合物的时候，要注意火候，千万不要大火猛煮。

❄

制作时间：25分钟　冷冻时间：6小时

多彩冰淇淋夹心饼干

准备原料　牛奶150毫升　　蛋黄2个　　　淡奶油180毫升　巧克力饼干适量
　　　　　　　白砂糖50克　　　抹茶粉适量　　草莓汁适量　　巧克力碎适量

1　将白砂糖加入到蛋黄中，打至浓稠；牛奶倒入锅中，煮至微开，倒入蛋黄液中，边拌匀边加热，煮至浓稠，盛出，冷却至室温待用。

2　将淡奶油打至七分发，倒入晾凉的蛋奶糊中拌匀，分成2份，分别放入抹茶粉、草莓汁拌匀，再分别放入冰箱冷冻，每隔2小时取出搅拌1次，如此重复3~4次。放入抹茶粉的冰淇淋最后1次搅拌时放入巧克力碎拌匀。定型后分别夹入巧克力饼干当中即可。

贴心冰语

淡奶油放入冷却的牛奶糊中，可以防止余温继续加热。

❄

制作时间：20分钟　冷冻时间：6小时

枫糖冰淇淋与巧克力饼干

准备原料	牛奶150毫升	蛋黄2个	淡奶油180毫升	巧克力饼干3块
	白砂糖40克	巧克力液适量	番茄酱适量	枫糖浆适量

1 白砂糖加入到蛋黄中打成蛋黄液；牛奶煮至微开，再缓慢倒入蛋黄液中，搅拌匀。

2 将拌匀的蛋奶液放到火上加热，不断搅拌至浓稠，盛出，待冷却至室温。

3 将淡奶油打至七分发，倒入冷却的蛋奶糊中，拌匀；再放入枫糖浆，拌匀；放入冰箱冷冻。每隔2小时取出搅拌1次，如此重复3~4次至定型。

4 分别用巧克力液和番茄酱在盘底划上网格花纹；取出冻好的冰淇淋，用挖球器挖出球形，装入盘中，再放入巧克力饼干即可。

贴心冰语

牛奶煮至锅边开始冒小泡即可。

制作时间：18分钟 冷冻时间：6小时

柠檬冰淇淋配夹心松饼

准备原料　淡奶油150毫升　　牛奶150毫升　　　蛋黄2个　　　　　　白砂糖40克
香草荚适量　　　　柠檬汁适量　　　棉花糖格子松饼2块

1. 棉花糖格子松饼放入盘中；牛奶、淡奶油和1/3个香草荚放入奶锅中，煮至微开。

2. 将蛋黄和白砂糖放入碗中，用搅拌器将其搅拌成淡黄色，放入奶油糊中拌匀，加热至85℃时关火；用筛网过滤，再隔冰水冷却至5℃，放入适量的柠檬汁拌匀。

3. 放入冰箱冷冻，每隔2小时取出搅拌1次，重复此操作3~4次，冻硬后取出，挖成球状，放入盘中，摆上剩余香草荚做装饰即可。

可可冰淇淋夹心饼

准备原料	可可冰淇淋球3个	黄油100克	低筋面粉180克	蛋白20克
	可可粉20克	奶粉20克	糖粉60克	

1. 将低筋面粉、奶粉、可可粉倒在案台上，用刮板开窝。

2. 倒入蛋白、糖粉搅匀，加入黄油，刮入混合好的低筋面粉，混合均匀，揉搓成光滑的面团。

3. 用擀面杖将面团擀成约0.5厘米厚的面皮，待用。

4. 用花型模具在面皮上压出饼坯，放入烤箱，以上、下火各170℃的温度烤15分钟至熟，取出，放上可可冰淇淋球，再盖上另一片饼干，略微压紧即可。

贴心冰语

加入适量的杏仁片口感会更丰富。此外，杏仁还有止咳功效。

❄

制作时间：25分钟　冷冻时间：6小时

花生酱冰淇淋与香浓吐司

准备原料	牛奶200毫升	淡奶油200毫升	吐司1片
	白砂糖50克	花生酱适量	杏仁片适量

1 牛奶和白砂糖一起放入锅中，用小火加热，搅拌至白砂糖溶化，再放入少许花生酱拌匀，关火，再隔冰水降温。

2 淡奶油打至七八分发，取大部分打发淡奶油加入牛奶液中，拌匀。

3 放入冰箱冷冻，每隔2小时取出用搅拌器搅拌1次，如此重复3~4次。

4 盘中用少许花生酱画上花纹，放入吐司片；取出冻好的冰淇淋，挖成球状，放入盘中，淋上剩余花生酱，装饰上杏仁片，最后挤上剩余的打发淡奶油即可。

贴心冰语

芒果口感丝滑、微甜，还有滋润肌肤的功效。

制作时间：28分钟　冷冻时间：6小时

芒果冰淇淋配芒果年轮蛋糕

准备原料	牛奶200毫升	淡奶油150毫升	芒果80克	白巧克力80克
	蛋黄2个	糖粉适量	白砂糖30克	巧克力酱适量
	肉桂适量	芒果年轮蛋糕1块		

1 白巧克力切碎；芒果取肉，放入搅拌机中，打成泥；将牛奶、淡奶油、芒果泥放入锅中，开小火，煮至锅边出现小泡；蛋黄加白砂糖打成淡黄色蛋黄糊。

2 将奶油糊放入蛋黄糊中，搅拌均匀，加热至85℃时关火，用筛网过滤，隔冰水冷却至5℃，放入白巧克力碎拌匀，放入冰箱冷冻，每隔2小时取出搅拌1次，重复此操作3~4次，冻好后取出。

3 盘中用巧克力酱画上花纹，挖取冰淇淋球，放入盘中，再放入芒果年轮蛋糕，筛上糖粉，摆上肉桂即可。

❄

制作时间：25分钟　冷冻时间：6小时

巧克力冰淇淋配小蛋糕

准备原料　牛奶150毫升　　淡奶油150毫升　　蛋黄2个　　　黑巧克力100克

杯子蛋糕1个　　白果碎适量　　　白砂糖40克

开始制作

1 锅中放入牛奶、淡奶油，开小火，煮至锅边出现小泡；蛋黄加白砂糖搅匀，倒入奶油糊中，拌匀后加热至85℃时关火，用筛网过滤。

2 黑巧克力切碎，取一部分黑巧克力碎隔热水融化，做成巧克力液；取少许黑巧克力液淋到杯子蛋糕的表面，再撒上白果碎。

3 剩余黑巧克力液放入过滤好的液体中搅匀，隔冰水冷却，再放入剩余黑巧克力碎拌匀，放入冰箱冷冻，每隔2小时取出搅拌1次，重复此操作3~4次，冻好后取出摆盘即可。

❄

制作时间：23分钟　冷冻时间：6小时

桑葚冰淇淋与蛋糕卷

准备原料　牛奶250毫升　　淡奶油200毫升　　桑葚150克　　奶油蛋糕卷2个
白砂糖50克　　巧克力酱适量　　柠檬汁各适量

开始制作

1　桑葚洗净，放入搅拌机中，搅打成汁，过滤掉渣滓。

2　白砂糖加入牛奶中，搅拌均匀；将淡奶油隔冰水打至六分发。

3　牛奶分3次倒入打好的淡奶油中，拌匀，加入桑葚汁、柠檬汁拌匀，制成冰淇淋浆。

4　将冰淇淋浆倒入容器中，放入冰箱冷冻，每隔2小时拿出来充分搅拌1次，如此重复3~4次至冰淇淋变硬，取出。

5　盘中用巧克力酱画上花纹，放上奶油蛋糕卷，再将冰淇淋挖成球状，放入盘中即可食用。

贴心冰语

将揉搓好的面团放入冰箱中静置发酵，成品的口感会更有韧性。

制作时间：40分钟　冷冻时间：6小时

黑醋栗冰淇淋与香蕉饼

准备原料	淡奶油200毫升	牛奶200毫升	蛋黄3个	香蕉1根
	面粉200克	酵母4克	泡打粉3克	白砂糖140克
	黑醋栗果酱适量	猪油适量	食用油适量	温水适量

开始制作

1. 蛋黄中放入40克白砂糖拌匀，放入牛奶拌匀，放到小锅中，边加热边搅拌至浓稠，关火，制成蛋奶液。

1

2. 淡奶油打发，再与完全冷却的蛋奶液混合拌匀，放到冰箱冷冻室里，每隔2小时取出搅拌1次，重复此操作3~4次。最后1次搅拌时，放入黑醋栗果酱搅匀，冻成型，用挖球器挖成小球。

2

3. 香蕉去皮，果肉制成泥；面粉放入酵母、泡打粉、少许温水、剩余白砂糖拌匀，放入香蕉泥、适量猪油揉匀，制成香蕉面团。

4. 面团发酵约10分钟，搓成长条形，用模具压成圆饼，制成饼坯，放入油锅中，煎至两面呈焦黄色，夹出，放上冰淇淋球，摆盘即可。

4

3

Chapter 7

缤纷派对冰淇淋甜点，乐享甜蜜无限

如果说咖啡代表一种孤独的享受，
那么，冰淇淋甜点则代表了一种相聚的喜悦。
各种派对上都少不了冰淇淋甜点的身影，
和爱人、家人和朋友坐在一起，
一边品尝用冰淇淋做的甜点，
一边享受爱情、亲情和友情的温暖，
是不是无比幸福呢?

❄

水果冰淇淋松饼

准备原料　鸡蛋160克　　　低筋面粉240克　　　牛奶15毫升　　　香蕉200克
柠檬80克　　　食粉3克　　　　白砂糖80克　　　蜂蜜90克
色拉油40克　　草莓块适量　　　糖液适量　　　　清水少许
香草酸奶冰淇淋球1个

开始制作

1 取一个容器，倒入白砂糖、鸡蛋，搅拌至起泡，加入低筋面粉、食粉、60克蜂蜜、清水、色拉油、牛奶，搅匀。

2 煎锅置于灶上，倒入适量面糊，小火煎至表面起泡，翻面，煎至两面焦黄，盛出装入盘中，刷上一层薄薄的糖液，放上香草酸奶冰淇淋球，淋上少许蜂蜜。

3 香蕉去皮，对半横切开；洗好的柠檬对半切开，备用。

4 将香蕉全身均匀刷上蜂蜜，挤上柠檬汁，放入烤箱，以上、下火均为180℃的温度烤10分钟，至香蕉熟透取出，放入盘中，摆上草莓块即可。

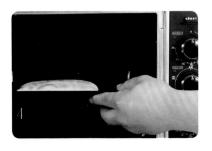

树莓冰淇淋杯

准备原料　淡奶油250毫升　蛋黄2个　树莓100克
树莓酱适量　清水适量　白砂糖50克

开始制作

1. 蛋黄中加入30克白砂糖、20毫升清水，放入锅中，拌匀，隔水加热到85℃，边加热边搅拌。

2. 淡奶油中加入18克白砂糖，打到八分发，备用。

3. 取70克树莓搅碎，用滤网过滤后放到蛋黄液中，搅匀；分2次将打发的淡奶油加到蛋黄糊中，搅拌均匀。

4. 放入冰箱冷冻，每隔2小时取出搅打1次，如此重复3~4次，最后1次搅拌后倒入洗净的玻璃杯中至7分满，再放入冰箱中。

5. 取出冻好的冰淇淋，倒入一层树莓酱，放入剩余30克树莓，最后筛上少许白砂糖即可。

贴心冰语

冰淇淋冷冻过程中搅拌3次以上，会使口感更加蓬松绵软。

制作时间：22分钟　冷冻时间：6小时

冰淇淋苹果派

准备原料　椰奶150毫升　　淡奶油200毫升　　冰淇淋乳化剂5克　　蛋黄3个
　　　　　　　苹果馅饼1个　　　白砂糖40克　　　　烤苹果片适量　　　　糖粉适量

1　苹果馅饼放入盘中，铺上烤苹果片；碗中放入蛋黄和白砂糖，搅拌均匀。

2　锅中倒入椰奶，开小火，加热至锅边沸腾后关火，倒入拌好的蛋黄液中，搅匀，
　　放凉。

3　混合液中放入冰淇淋乳化剂，搅拌均匀；淡奶油打至七分发，放入步骤2做好的椰
　　奶蛋黄糊中，搅至浓稠，装入容器中，放入冰箱冷冻，每隔2小时取出搅拌1次，
　　重复此操作3~4次。

4　取出冻好的冰淇淋，挖成球状，放在烤苹果片上，筛上糖粉即可。

贴心冰语

樱桃中富含蛋白质、胡萝卜素、B族维生素等营养成分，对肾有一定的保护作用。

红酒樱桃冰淇淋派

准备原料　低筋面粉200克　　牛奶60毫升　　黄油100克
　　　　　　　樱桃100克　　　　白砂糖5克　　　清水适量
　　　　　　　红酒150毫升

开始制作

1　将洗好的樱桃去核，切成两半。

2　锅中注入适量清水，加入大部分红酒、樱桃拌匀，放入·半白砂糖拌匀，略煮片刻至食材入味，装入碗中。

3　将低筋面粉倒在案台上开窝，倒入剩余白砂糖、牛奶拌匀，加入黄油，用手和成面团，包上保鲜膜，放入冰箱冷藏30分钟后取出。

4　取一个派皮模具，盖上底盘，放上面皮，沿着模具边缘贴紧，切去多余的面皮，放入剩余红酒、樱桃，再放上几块面皮，放入烤箱中，以上、下火均为180℃的温度烤约25分钟，取出，切成小块即可。

1

2

4

3

贴心冰语

冰淇淋稍微软化后
更好取出成型。

❄

制作时间：15分钟　冷冻时间：6小时

双层冰淇淋

准备原料 ┃ 淡奶油150毫升　　牛奶160毫升　　　蛋黄2个　　　　华夫饼2块
花生酱50克　　　草莓适量　　　　巧克力酱适量　　白砂糖50克

1 牛奶与淡奶油一起倒入锅中，开小火，煮至锅边出现小泡关火，制成奶油糊。

2 蛋黄加白砂糖搅拌成淡黄色，加入奶油糊拌匀，加热至85℃关火。

3 用筛网过滤，隔冰水冷却至5℃后分成2份，其中1份加入花生酱拌匀。

4 将2份冰淇淋液分别放入冰箱冷冻，隔2小时取出分别搅拌1次，重复此操作3~4
次，取出后待其稍微软化。盘中放入2块华夫饼，依次放上原味冰淇淋、花生酱冰
淇淋，摆上草莓，浇上巧克力酱即可。

贴心冰语

芒果泥可以先过筛一下，这样冰淇淋口感会更加细腻。

❄

—— 制作时间：20分钟　冷冻时间：6小时 ——

蜂蜜芒果冰淇淋

准备原料 华夫饼1块　　牛奶200毫升　　淡奶油200毫升　　蛋黄2个
　　　　　芒果适量　　灯笼果适量　　　树莓适量　　　　　糖粉适量
　蜂蜜适量

1 芒果洗净，去皮取肉，搅打成泥；牛奶倒入奶锅，稍微加热。

2 蛋黄中加入白砂糖、热牛奶，拌匀后放入锅中，加热至85℃时关火，再隔冰水冷却至5℃。

3 将淡奶油打发后，加入到蛋黄混合液中拌匀，再放入芒果泥拌匀，放入冰箱冷冻。每隔2小时取出搅拌1次，重复此操作3~4次。取出，挖成球，放在华夫饼上，并用蜂蜜在表面画上线条，最后筛入糖粉，用灯笼果、树莓装饰即可。

贴心冰语

花生碎可以自己用炒熟的花生去皮、压碎制成。

❄

制作时间：15分钟　冷冻时间：6小时

花生碎冰淇淋

准备原料	牛奶100毫升	蛋黄2个	淡奶油180毫升	玉米淀粉10克
	奶粉20克	花生碎适量	饼干1块	白砂糖40克

1 蛋黄中加入白砂糖，打发至体积膨胀2倍；淡奶油打至六分发。

2 牛奶中加入奶粉拌匀，倒入奶锅中，用小火煮至锅边冒小泡，关火；加入玉米淀粉拌匀，再隔水加热，边加热边搅拌至液体变得浓稠，放入冰箱冷藏1小时。

3 取出冷藏过的奶浆，倒入打发好的淡奶油中，搅拌均匀，倒入容器中；入冰箱冷冻，每2小时取出搅拌1次，反复操作3~4次。取一个盘子，放入饼干，再放上冰淇淋，最后撒上花生碎即可。

贴心冰语

待冰淇淋稍微融化就形成了雪顶的效果。

❄

准备时间：15分钟　烤制时间：20分钟

雪顶小蛋糕

准备原料	鸡蛋220克	低筋面粉270克	糖粉160克	泡打粉8克
	牛奶40毫升	融化的黄油150克	盐适量	香草酸奶冰淇淋球1个

1 将鸡蛋、糖粉、盐倒入碗中拌匀，倒入融化的黄油拌匀。

2 将低筋面粉、泡打粉分别过筛至大碗中，搅拌均匀，倒入牛奶，搅拌成面糊。

3 将面糊倒入裱花袋中，在裱花袋尖端部位剪开一个小口。

4 把蛋糕纸杯放入烤盘中，挤入适量面糊，至七分满，放入烤箱中，以上火190℃、下火170℃的温度烤20分钟至熟，取出，顶部稍微挖空，放入香草酸奶冰淇淋球即可食用。

冰淇淋蛋糕杯

准备原料 鸡蛋210克　　　牛奶40毫升　　　　低筋面粉250克　　泡打粉8克
彩色糖果适量　椰奶冰淇淋1个　　糖粉160克　　　　盐3克
色拉油15克

开始制作

1. 把鸡蛋打入碗中，加入糖粉、盐，用电动搅拌器快速搅匀，加入泡打粉、低筋面粉，搅成糊状，倒入牛奶、色拉油，搅成纯滑的蛋糕浆。

2. 把蛋糕浆装入裱花袋里，剪开一小口，将蛋糕浆挤入烤盘中的蛋糕杯里，装约6分满。

3. 将烤箱调为上火180℃，下火160℃，预热5分钟，放入蛋糕生坯，烘15分钟至熟后戴隔热手套取出。

4. 把稍微软化的椰奶冰淇淋装入套有裱花嘴的裱花袋里，挤在蛋糕上，再撒上适量彩色糖果即可。

1

2

4

3

贴心冰语

用个头较小的芒果装饰更好看。

制作时间：18分钟　冷冻时间：6小时

椰奶冰淇淋配提拉米苏

准备原料　牛奶150毫升　　芒果200克　　　淡奶油150毫升　　蛋黄2个
　　　　　　椰奶适量　　　　椰蓉适量　　　　提拉米苏1块　　　白砂糖60克

开始
制作

1 芒果取果肉，部分果肉切片，摆入盘中，剩余部分放入保鲜袋中，压碎；部分草莓洗净去蒂，对半切开。

2 蛋黄中加入白砂糖搅拌至白砂糖溶化，加牛奶，用小火边搅边加热，快要煮开的时候离火，放入淡奶油，加入碾碎的芒果糊、椰奶，搅拌均匀。

3 放入冰箱冷冻2小时后取出，搅打2分钟，继续冷冻，如此重复3~4次。

4 取出冻好的冰淇淋，挖成球，放入盘中，摆入提拉米苏、草莓，筛入椰蓉即可。

贴心冰语

巧克力酱可以用黑巧克隔热水融化制成。

❄

制作时间：15分钟　冷冻时间：6小时

巧克力酱冰淇淋蛋糕

准备原料　淡奶油150毫升　　蛋黄2个　　　　牛奶160毫升　　海绵蛋糕1块

白砂糖40克　　　巧克力酱适量　玉米淀粉适量　可可粉适量

1 蛋黄中加入20克白砂糖，打发成蛋黄液；牛奶中加入20克白砂糖拌匀，隔水加热，但不要煮开。

2 将牛奶液慢慢注入蛋黄液中，隔水加热，不停搅拌，加入少量玉米淀粉，拌匀，离火冷却。

3 淡奶油用手动搅拌器打发，分次倒入蛋黄牛奶液中拌匀，放入冰箱冷冻，每隔2个小时取出搅拌1次，如此重复3次以上。

4 取一个盘子，放入海绵蛋糕，挖上冰淇淋，淋上适量巧克力酱，筛上可可粉即可。

贴心冰语

这里用到的冰淇淋
比较软，不需要冻
得太硬。

❄

制作时间：25分钟　冷冻时间：6小时

双色冰淇淋泡芙

准备原料　酸奶200毫升　　蛋黄2个　　　　淡奶油150毫升　　泡芙2个
　　　　　　　白砂糖40克　　　可可粉适量　　　巧克力液适量　　　番茄酱适量

开始制作

1　蛋黄加白砂糖打发，再加酸奶，开小火煮至黏稠；淡奶油打发，倒入蛋黄液中拌匀。

2　将拌匀的冰淇淋液分为2份，其中1份放入少量的可可粉拌匀。将2份冰淇淋分别放入冰箱冷冻，每隔2小时拿出来搅拌一下，如此重复3~4次。

3　盘中用巧克力液和番茄酱画上花纹，筛入可可粉，将冻好的2份冰淇淋取出，室温软化，分别装入裱花袋中。2个泡芙均从2/3处横切开，上面作为盖子，切面朝上放入盘中，将裱花袋尖部剪一个小口，分别挤入两种冰淇淋，盖上泡芙盖子即可。

❄

制作时间：15分钟　冷冻时间：6小时

提拉米苏冰淇淋

准备原料　牛奶150毫升　　淡奶油160毫升　　蛋黄2个　　面包碎适量
　　　　　　　黑巧克力适量　　朱古力针适量　　白砂糖40克

开始制作

1 黑巧克力隔热水融化，倒入杯中，放入冰箱冷冻凝固。

2 将牛奶、淡奶油一起倒入锅中，开小火煮至锅边出现小泡；蛋黄加白砂糖搅拌至
　淡黄色，制成蛋黄液。

3 将奶油糊放入蛋黄液中，搅拌均匀，加热至85℃，用筛网过滤，隔冰水冷却至
　5℃。冷却的冰淇淋液中加入面包碎拌匀，倒入另外一个杯中。

4 将杯子放入冰箱冷冻，每隔2小时取出搅拌1次，重复此操作3~4次，最后1次搅拌
　后倒入装有巧克力的杯中，冻凝固后取出，撒上朱古力针即可。

※

制作时间：18分钟　冷冻时间：6小时

树莓冰淇淋配蓝莓蛋糕

准备原料	淡奶油150毫升	蛋黄3个	酸奶250毫升	蓝莓蛋糕1块
	白砂糖40克	蓝莓适量	树莓适量	树莓酱适量

1 蛋黄中加入白砂糖，打至奶白色，制成蛋黄液。

2 将淡奶油倒入锅中，用小火煮至锅边起泡时，关火，慢慢倒入打发的蛋黄液中拌匀。

3 再用小火煮约15分钟，中间要不停搅拌，直至浓稠后关火。放凉后，倒入酸奶拌匀。

4 将冰淇淋浆倒入碗中，放入冰箱，冷冻2小时后取出拌匀，重复此操作3~4次。

5 将蓝莓蛋糕放入盘中，取出冻好的冰淇淋，挖成球状，放在蛋糕上，再淋上树莓酱，放入蓝莓、树莓装饰即可。